DK
动物家族

[英] 凯特·佩里多特◎著　　[英] 妮可·琼斯◎绘

张宝元◎译

CTS ⓤ 湖南少年儿童出版社
HUNAN JUVENILE & CHILDREN'S PUBLISHING HOUSE
小博集
BOOKY KIDS
·长沙·

目录

引言······································ 4

非洲象······························ 6

黑猩猩······························ 10

宽吻海豚··························· 14

狮子································· 18

狼··································· 22

蚂蚁································· 27

帝企鹅······························ 30

欧洲野牛··························· 34

乌鸦 ………………………………………… 38

蜜蜂 ………………………………………… 42

海马 ………………………………………… 46

狐獴 ………………………………………… 50

墨西哥游离尾蝠 …………………………… 54

尼罗鳄 ……………………………………… 58

红毛猩猩 …………………………………… 62

独行侠 ……………………………………… 66

人类呢? …………………………………… 70

结束语 ……………………………………… 72

动物小百科 ………………………………… 74

引言

和我们人类一样，动物也有家族，也生活在群体之中。而且，不同的动物家族、社群的构成也各不相同。

翻开这本书，让我们来认识20多种动物和它们的家族吧！

非洲象

蜜蜂

狮子

欧洲野牛

狼

看看在动物的家族中，谁是一家之主，谁负责搜寻食物，家族成员之间如何相互照应、彼此保护，如何通过声音、气味和肢体语言进行沟通与交流。

宽吻海豚

乌鸦

红毛猩猩

你能发现这些动物的家族跟你的家庭有什么相似之处和不同之处吗？

帝企鹅

海马

非洲象

我们生活在母系社会中。

母象

其他象群

斑鬣狗

　　我的妈妈是我们这个象群的首领。她是族群中最年长、最富有智慧的母象。她总是记得哪里有水坑，我们最喜爱的水果在什么时候成熟。她知道如何穿越稀树草原，也能嗅出危险的气息。她保护着我们的安全，并教会我们大象的生存之道。

　　我们的族群由不同年纪的母象和幼象组成。如果附近有狮群或斑鬣狗出没，我们就会把小象团团围住，形成一个保护圈。当我们的象群发展得太过壮大时，我们就会暂时分成两个象群，分头去寻找更多的食物，但我们会一直保持联系。一头母象永远不会忘记她的家人。

小象

我的弟弟在14岁时离开了我们的象群，但他并没有走得太远。有时候，年轻的公象会在一起玩耍，但他们并不会结成联盟。他们会通过打斗来证明谁最强壮，只有最强壮的公象才能找到配偶。

小象

我们与同伴交流的方式多种多样：高声长啸，隆隆低吟，用象鼻触摸，跺脚，甩动尾巴，扇动耳朵……受到威胁时，我们会扬起长鼻，竖起耳朵，然后冲上去！

年轻的公象

"我们找到了一个水坑，快过来跟我们一起玩吧。"

族群头领

为了提醒其他成员谁才是真正的老大，族群头领会拍打地面，举起双臂，紧紧盯着对方。

黑猩猩

我们生活在父权制社会中。

我是雄性头领，整个族群中最年富力强、最聪明的黑猩猩。我的地盘我做主，我会出手击退任何挑战我的同类。我会挑选忠诚的雄性成员，让他们帮忙维持秩序，管理族群里的雌性，并保护族群里的每个成员不受掠食者的侵害。

"想要成为雄性头领可太不容易了！"

挑战者

倘若有其他黑猩猩试图挑战我的权威，我会用拳头打他们，用牙撕咬他们，还会追着他们跑。我们发出的尖叫声和嚎叫声可以在丛林中传得很远，也让其他黑猩猩族群知道我们在哪里。

我们的族群很大，包含了很多个家庭。我们并不会每天都待在一起玩耍。单个家庭或成员可以暂时离开族群去寻找食物，只要他们待在我的领地内，听到我的召唤就会回来。

"我们喜欢待在群体之中，这让我们感到安全。"

雌性黑猩猩负责照顾幼崽，而我在其他雄性助手的帮助下照看整个族群。雄性黑猩猩会一直待在他们出生的族群里，但族群里的雌性在长大成年后通常会离开，加入其他族群。

趣味档案

一群黑猩猩：a troop of chimpanzees
族群的规模：15～120只
小知识：一位成功的雄性首领必须收敛起自己的攻击性，进行公平的统治，否则其他强壮的雄猩猩会联合起来推翻它的统治。

宽吻海豚

我们是海洋里无拘无束的精灵！

我们过着群居生活。出生后，我待在妈妈身边，在一个育儿群里生活了6年时间。最身强力健、最富有经验的雌性海豚当家做主，但所有的雌性会共同照顾小海豚。雌性海豚怀有身孕时，她会回到自己出生时所在的海豚群中。

当我长到一定的年龄时，我就会和朋友们组成一个新的海豚群。我们一起探索海洋，学习如何捕猎。但如果我们想再次和自己的妈妈相伴航行，她们的族群永远欢迎我们。

小海豚

领头的海豚

现在我已经长大成年了，我和我最好的朋友待在一个雄性海豚群中。我们偶尔会加入其他雄性海豚的族群，与他们一同狩猎，相互竞争。我们都爱社交，为了赢取异性的青睐，我们还会组队打配合呢！

年轻的雄性海豚

16

每只海豚的声音都是独一无二的，大家会用哨声和嘀嗒声进行沟通交流。我们雄性海豚之间还喜欢通过撕咬、追逐、敲击上下颚、在水面甩尾、吐泡泡云、碰撞身体等方式来证明谁才是老大。哎哟，好痛！

趣味档案

一群海豚：a pod of dolphins
族群的规模：2~30头
小知识：海豚似乎是为数不多的几种喜欢与其他物种（比如鲸和人类）待在一起的野生哺乳动物之一。

其他海豚群

有时候，许多海豚群会暂时聚集在一起，形成一个超级大的海豚群。

"想玩把海草顶出去又捞回来的游戏吗？"

斑马

领头的雌狮

狮子

大多数时候，我们是一个团队！

　　我是狮群中最年长的雌狮，狩猎的团队由我带领。羚羊、斑马、角马这类动物跑得很快，很难捕捉，而且他们腿一蹬会让我们伤筋动骨。所以，捕猎并不是件容易的事。

"我们通过玩耍，练习悄悄追踪猎物、
抓获猎物和打斗的技巧。"

幼狮

雄狮

狮群中所有雌狮通力
合作，围捕大型猎物。

有时候雄狮也会狩猎，但要论这点，他不如我们雌狮厉害。他的体型更大，但速度更慢，一举一动都会被猎物瞧见！雄狮的职责是保护整个狮群，守护领地不受其他好斗的雄狮入侵。他还会用尿液标记领地，并发出威胁性的咆哮声来恐吓入侵者。狩猎过后，雄狮先享用猎物，随后轮到捕获猎物的雌狮享用，接下来是其他雌狮，最后才轮到幼崽。这一过程中免不了吵吵嚷嚷！

如果我们的狮群发展得过于庞大，猎物也不多时，我们就会把最弱的雌狮驱逐出去。我知道这很残酷，但这就是生存之道。有时候，形单影只的雌狮会找到其他同伴，组建一个新的狮群。

我的几个儿子在他们2岁时离开了狮群。他们会待在一个全是雄性的狮群中，直到他们足够强大，前去挑战领导着一大群雌狮的雄狮。如果他们打赢了，那么他们将接管这群雌狮，并与她们生下自己的幼崽。

离开的雌狮

雄狮会以拍打或轻咬的方式来提醒同伴别忘了自己的身份。放松时，我们会发出轻柔的哼哼声和喘息声，相互问候。

狮子感受到威胁时，会翘起尾巴，拱起背脊，露出牙齿，好尽可能地让自己看起来更威猛。

趣味档案

一群狮子：a pride of lions

族群的规模：3～40头

小知识：狮子是唯一群居的猫科动物。其他所有的猫科动物更喜欢独居生活，单独行动。

21

狼窝

第二等级的狼

狼

我们的家族等级森严。

    我的父母是族群里的头狼。当我还是一个小狼崽时，我和妈妈、哥哥、姐姐待在狼窝里，而我的爸爸领导狩猎行动。等长大了一些，我们就离开狼窝，跟着狼群一起，追踪马鹿、驯鹿和麋鹿的迁徙。我们还太年幼，无法猎杀大型的动物，所以我们就由姑姑照看着，等待跟大伙汇合。我的姑姑是居于第二等级的狼，也就是头狼的副手。

头狼夫妻 →

"狼群的头狼夫妻终身生活在一起，并向他们的家人传授狩猎、生存所需的一切知识。"

当狼群带着食物满载而归时，首先由我们这些幼崽与父母一起享用，接着是第二等级的狼，然后是我那些已经成年的哥哥和姐姐，最后才轮到底层狼。底层狼是狼群中地位等级最低的狼，也最贪玩。我们和他们一起练习狩猎和战斗的技巧，他们也不计较输赢。

当我长大后，我会离开我的狼群，通过嚎叫寻找另一半。我希望将来会有一只狼回应我的呼唤，我们结伴在一起，成为未来的头狼夫妻，组建我们自己的狼群。

整个狼群有着非常紧密的联结。我们会摩擦肩膀、相互舔舐，以此来表达我们的忠诚。我的父母会通过一些肢体语言——昂首挺胸，翘起尾巴，双耳直立，龇牙低吼，或者把头搭在另一只狼的背上，来提醒大家他们俩才是族群中的领导者。地位较低的狼通常会畏畏缩缩，呜咽着夹紧尾巴，翻过身亮出肚子，表示自己会乖乖听话。

狼的嚎叫声可以传到很远的地方。

底层狼 ↗

趣味档案

一群狼：a pack of wolves

族群的规模：2～30头

小知识：狼的嗅觉灵敏。它们的尾巴根部和脚趾间有气味腺。它们能识别同类的气味，并在很远的地方就能发现猎物的踪迹。

25

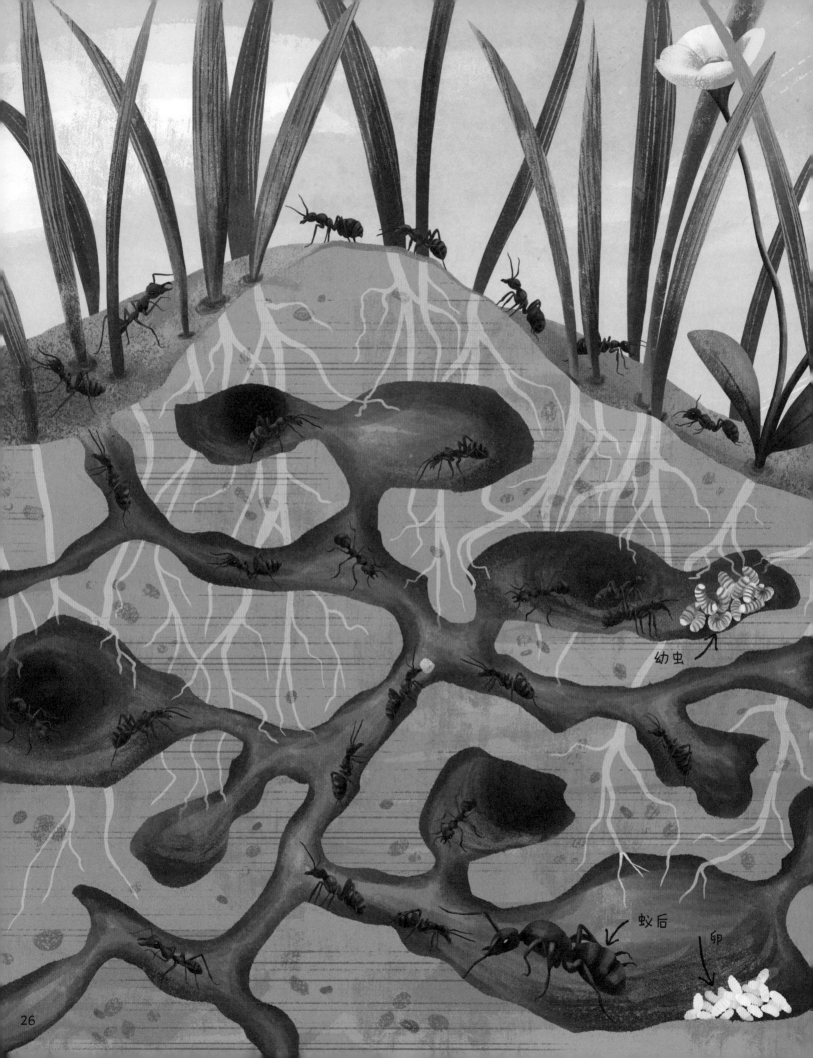

幼虫

蚁后

卵

蚂蚁

我们是一支军团。

　　我是蚁后，也是蚁群中体型最大的蚂蚁，但我从不对其他蚂蚁发号施令。我的工作就是待在蚁巢内产卵。工蚁是一支娘子军，她们会根据实际需求来决定具体的分工。年轻的雌蚁会照顾我和我的孩子（包括蚁卵和幼虫），其他工蚁负责挖掘隧道、勘探环境和收集食物（我们什么都吃！）；兵蚁则负责保卫巢穴，抵御外敌。随着蚁穴不断扩大，工蚁会把食物碎末、未受精的蚁卵和她们自己的唾液制成高蛋白食物，喂给幼虫吃，从而培育出新的蚁后。

兵蚁

工蚁

"我们喜欢含糖的食物，同时还会留下一条气味路径，告诉群落里的小伙伴怎样找到它们。"

年轻的蚁后要么留下来扩大蚁群，要么飞去别处，组建新的群落。只有年轻的蚁后和雄蚁具有翅膀，在温暖的日子里，他们成群结队地飞离蚁巢。雄蚁会跟随年轻的蚁后，与她们交尾，并帮助她们找到新家。蚁后一旦在新的蚁巢定居下来，她的双翅就会永远脱落。

　　我们靠触角来闻气味，通过各自的气味来辨认对方，并释放名为"信息素"的化学物质进行交流。我们通过气味来传达"这边有食物""要下雨了，找地方避雨""发动攻击，这边有食物"等多种信息。如果有掠食者或敌方的蚂蚁试图入侵巢穴，一大群工蚁以及兵蚁就会群起而攻之，叮咬入侵者，并喷射蚁酸。

趣味档案

一群蚂蚁：a colony of ants
族群的规模：10 ~ 1 000 000只
小知识：蚂蚁是货真价实的大力士。它们能搬动比自身体重重50倍的物体，而且还能与队友协作，一起移动很大的物体。

触角

　　蚂蚁还能依靠触觉来进行交流，通过脚来感觉震动。

雄蚁只能存活几周时间。

年轻的蚁后

帝企鹅

我们成双成对地聚居在一起。

一列长长的帝企鹅队伍正在赶回冬季的繁殖地，我便是其中一员，摇摇摆摆走在冰面上。这时候该找对象了！仰天长啸！啾啾！嘎嘎嘎！我们模仿着彼此的动作，耐心地对舞数天之久，逐渐建立信任，最后确立伴侣关系。

当我的伴侣产下一枚蛋后，她小心翼翼地把我们的蛋传给我。我把蛋放在我的双脚上，将其塞进我的"育儿罩"中。接下来的65天，我和其他企鹅爸爸扎堆等待着，保护我们的蛋不被酷寒冻坏，而我的伴侣则回到海里觅食，努力把自己喂得胖胖的。

雄企鹅

南极洲的冬天极其寒冷，所以需要尽可能给企鹅蛋保暖。

企鹅蛋

雌企鹅

幼鸟

企鹅宝宝褪去绒羽，换上防水的羽毛，整个过程需要好几个月的时间。

宝宝刚一破壳，我的伴侣就赶回来了，于是我小心翼翼地把刚孵化的宝宝交给她喂食。此时，我已经饿得饥肠辘辘了，所以轮到我回到海里捕鱼吃，把自己喂胖，再把食物带回来。

我们就这样轮流照顾了一阵子我们的宝宝，但宝宝总是喊饿，我们夫妇俩不得不同时出去捕猎。当我们外出觅食时，宝宝被留在企鹅"幼儿园"中。这时候已经是夏天了，冰雪正在融化，去海边的路也不远了。我们的小企鹅一旦褪去身上蓬松的绒羽，长成了幼鸟，她就可以下水游泳了！

趣味档案

一群企鹅：a colony of penguins
族群的规模：1000～20 000只
小知识：每年冬天，帝企鹅都会回到同一个繁殖地，多数情况下还是会选择同一位配偶。

"捕猎时，我们互帮互助，同时提防着危险的豹海豹和虎鲸。"

欧洲野牛

我们生活在一个民主社会中。

我生活在一个大集体中，大家聚在一起让我们感到安全。大多数时候，我们的牛群由母牛、小牛和年轻的公牛组成。成年的公牛则独自游荡，或是三三两两出没在牛群附近，在繁殖季节时才来找我们。

牛群会齐心协力，提防着掠食者的出现，比如狼。当遭遇狼群时，我们会发出警示的哼哼声，把牛崽围在中间保护他们，并朝掠食者压低自己的牛角。狼群看到这架势，通常会改变主意，毕竟，我们的个头比他们大多了！

↑ 处于防御姿态的野牛

饥饿的狼 →

35

牛群首领

欧洲野牛是欧洲现存最大的陆生哺乳动物——身高2米，体长3米。

每头牛都可以轮流领导牛群。如果我认为牛群应该往河边走，我就会停止吃草，朝着河边的方向走去，看看同伴是否会跟着我走。如果大多数同伴都跟上来了，那是他们决定让我带领大家，但如果大部分成员都无动于衷，或是跟着另一头母牛走了，那就是我没有获得多数票——至少这次没有！我可以改天再试。有时候，两头母牛想去相反的方向，而且双方都有不少的追随者，整个牛群就会暂时一分为二。只要循着牛群的气味，用低吼声彼此呼唤，我们总能与对方碰头。

另一队牛群
的首领

"我们喜欢通过洗沙浴来清洗我们的皮毛，
而且欢迎牛椋鸟为我们服务。这种鸟会
啄食我们皮肤上的昆虫。"

趣味档案

一群野牛：a herd of bison
族群的规模：10～30头
小知识：欧洲野牛原本濒临灭绝，
但随着再野化项目的推进，它们的
数量增加到7000头左右。

乌鸦

我们成群结队。

  在我破壳而出后的第一个冬季，我跟着大部队一起飞行，探索这片土地。年长的乌鸦教我到哪里啄食，如何防御鹰的袭击，可以栖息在哪些树上。在漫长的冬夜里，我们依偎在一起，既安全又保暖，同时还能彼此分享知识和见闻。栖身之地也讲究长幼尊卑：年长的鸟占据树顶附近最安全、最舒适的地方，而我们年轻一辈的鸟则栖息在较低的树枝上，不得不忍受被排泄物浇头！

"乌鸦绝不忘记任何一张脸。"

"叽叽，叽叽！"

当春天来临，我回到了筑巢的树上，帮助爸爸妈妈抚养即将诞生的小家伙。我的妹妹也赶到了，我们争先恐后地收集树枝和树叶，为巢穴添砖加瓦。经过两周的筑巢，妈妈准备好下蛋了。她坐在蛋上给蛋保暖，我们轮流守护着她，把食物带回巢中。

咔嚓！终于有一天，第一颗蛋孵化了。我看着我的小弟弟挣扎着从壳里钻了出来。接着，又有四只嗷嗷待哺的小雏鸟破壳而出了。我们每天都飞进飞出，衔回各类种子、肉虫和甲虫。这窝小家伙长得很快，全身的绒羽很快就褪掉了，随之长出了黑褐色的翎羽。长到30天左右，他们就会站在巢边，跃跃欲试，盼着能展翅飞翔。经过一番练习后，他们就能和我们一起成群结队地翱翔天际了。

"呱呱！"

趣味档案

一群乌鸦： a murder of crows
族群的规模： 100 ~ 100 000只
小知识： 一只乌鸦死后，群里其他乌鸦会围在它身旁，弄清谁是罪魁祸首。如果是猫之类的掠食者干的，它们会群起而攻之，啄它，冲它大叫，直到将其赶走。

蜜蜂

我们有蜂巢思维。

我的生命始于蜂王产在蜂巢中心六边形蜂房中的一粒小卵。我孵化成幼虫，姐姐们喂我吃蜂王浆，我被喂得胖胖的，整天昏昏欲睡。然后我吐丝作茧，12天后变成一只年轻的雌性工蜂。

如果蜂王的生命即将结束，工蜂就会给几只幼虫多喂些蜂王浆，创造出新的蜂王。首先孵化出的蜂王会蜇死她的竞争对手，并接管整个蜂群的统治权。蜂王永远不会离开蜂巢，除非蜂群受到威胁，那时蜂王会与一些工蜂成群飞离，寻找一处新家。

蜂巢中的每只工蜂都有明确的分工，她们会根据需要交换分工，以维持一个健康的蜂群。作为一只"内勤蜂"，我负责打扫蜂房，为蜂王产卵做准备。我学着给幼虫调制蜂王浆，并把花粉和花蜜混合，做成食物。

当蜂巢变得越来越拥挤时，我就变成一只"建筑蜂"。我建造更多的蜂房以容纳更多的幼虫，储存花粉、花蜜和蜂蜜。接下来，我加入酿蜜团队，把花蜜酿成蜂群可以食用的蜂蜜。

工蜂

建筑蜂

蜂王

酿蜜蜂

43

"嗡嗡嗡……"

"我每天采蜜的次数多达12次，每次可以采100朵花。"

螯针

后来，我成了一只"守护蜂"，开始了我的第一次飞行。我围着蜂巢转呀转，提防着那些想要偷我们蜂蜜的外来者。如果必要的话，我会螯他们，尽管这样做也会让我丧命。最后也是最为重要的是，我变成了一只"采蜜蜂"。我能记住花园周围的路，并通过太阳识别方向。我把花粉塞进我腿上的囊袋里，用我形似吸管的口器吸取花蜜，并将其储存在我嘴里的囊袋中。当我找到一片盛开的花丛时，我会飞回蜂巢，跳出摇摆舞，告诉我的姐妹们往哪个方向飞可以找到花粉源。

采蜜蜂
↓

趣味档案

一群蜜蜂：a colony of bees
族群的规模：100~80 000只
小知识：雄蜂受雌蜂照顾。它们
一旦能飞了，就会飞离蜂巢，去
寻找年轻的蜂王。在与蜂王交尾
后，它们活不了多久就会死亡。
一只健康的蜂王每天可以产下多
达2000枚卵。

海马

我们是意志坚定的父亲。

海马是地球上唯一一种由雄性怀孕并生育后代的动物。

孵育囊

"我们终生相伴。"

卷缩尾

每天清早，我们都会浮到较浅的海域，跳着求爱的舞蹈。为了吸引伴侣，我们转着圈，改变身体的颜色。我的伴侣把她的卵子放入我的孵育囊中，我让卵子受精，并保护胚胎的安全。在待产期间，我们整日忙着觅食。

我们把尾巴缠绕在一起，从一片海藻叶游到另一片海藻叶，为了防止被水流冲走，我们将尾巴缠在叶片上。为了捕捉小鱼和浮游生物，我们会改变身体的颜色，把自己伪装成珊瑚的一部分。我们可以用长长的口器吸取3厘米外的食物。

保护色

当我的孵育囊中的胚胎一孵化，我就会把所有的海马宝宝喷出体外。自出生那刻起，他们就得自食其力，在水流中漂浮，直到能把自己的尾巴附着在岩石或植物上，把自己藏起来。在我的孵育囊清空的那几日，我的伴侣会再次输送一批卵子将其填满。刚出生的海马被称作"初生苗"，他们在广阔的海洋中渺小且脆弱，能够长到成年的屈指可数，因此对海马爸爸来说，持续不断地孕育大量的后代很重要。

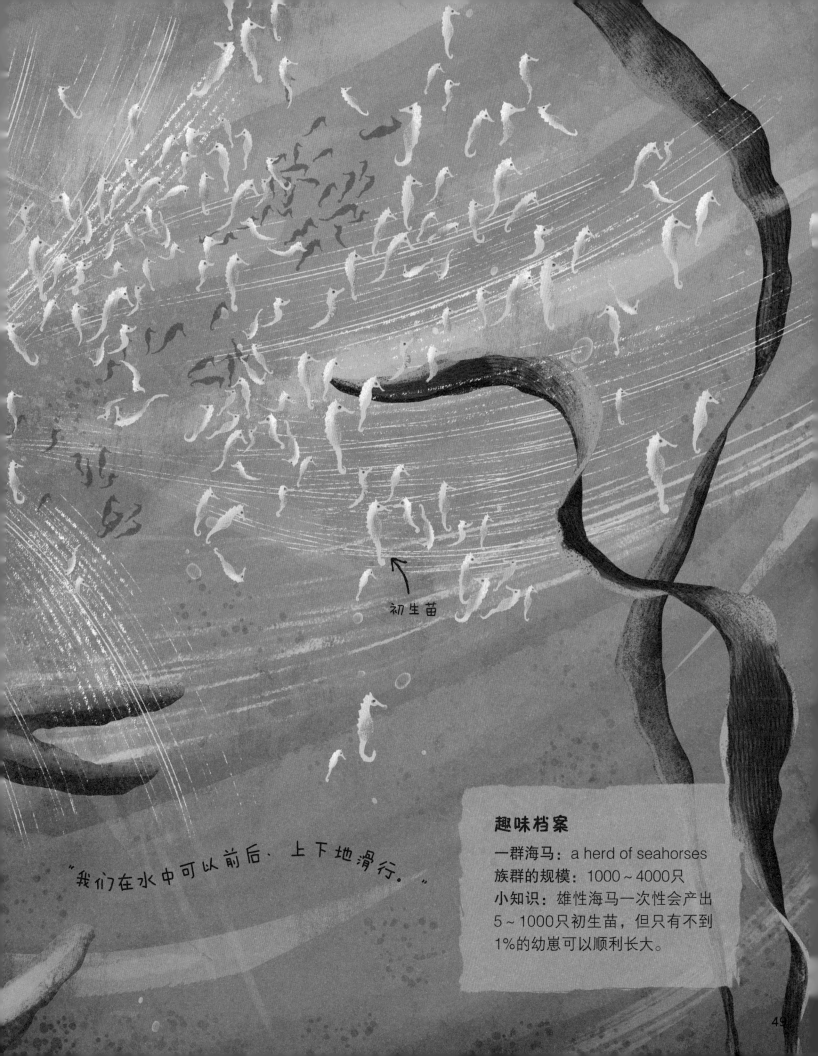

初生苗

"我们在水中可以前后、上下地滑行。"

趣味档案

一群海马：a herd of seahorses
族群的规模：1000～4000只
小知识：雄性海马一次性会产出
5～1000只初生苗，但只有不到
1%的幼崽可以顺利长大。

狐獴

我们靠群体规则为生！

当太阳逐渐升起，沙漠变得温暖时，我急匆匆跑出洞穴，竖着耳朵仔细聆听。我朝四周嗅了嗅，查看附近是否埋伏着鹰、蛇或胡狼。然后我站在土丘的制高点上，这里视野开阔，我可以同时观察沙漠和天空的情况。今天由我放第一班哨。当狐獴军团觅食、捕猎时，我在一旁站岗，留心掠食者的出现。我时不时向大伙发出哼哼唧唧的声音，表示一切安好，让他们放心。

狐獴军团四散开去，去搜寻甲虫、毛虫、水果和鸟蛋。我的配偶是当家的女主人。她捉住了一只蝎子，咬掉了他的尾巴，并将其带回交给孩子，供他们学习如何对付这种既有钳子又有螫针的猎物。当我们在地面上活动时，孩子由专职的保姆照顾，他们会不惜以生命为代价地保护我们的孩子。

"一天中，我们会花很多时间相互梳理毛发，一起玩耍，以此来加强家庭的联结和忠诚度。"

狐獴幼崽

哨兵

哨兵负责守望，保护族群远离危险。

当家的
雌狐獴

只有当家的雌狐獴
才有权生育，才可以为
自己选择配偶。

51

猛雕

洞穴

有毒的眼镜蛇

"狐獴群由许多不同的家庭和族群组成。"

一只猛雕从头顶盘旋而过，我立马发出了一声警报。我们狐獴有10种不同的叫声，有的可以用来安抚族群，有的则是警报声。每一种警报声对应不同的掠食者，这样大伙就能了解危险从何而来。

整个狐獴群迅速消失在事先挖好的逃生通道里。那只猛雕不及我们迅速，只得悻悻飞身离去。一个小时后，我的配偶跑到土丘上，把我换了下来，轮到我去狩猎了。一条眼镜蛇从暗处逶迤而出，我发出一声尖叫作为警报。全家都跑来帮忙，我们合力攻击，把他弄得晕头转向。眼镜蛇会杀死落单的狐獴，更糟糕的是，他还会溜进洞里吃我们的幼崽。这次得益于我们齐心协力，他反而沦为了我们的盘中餐。

趣味档案

一群狐獴：a mob of meerkats
族群的规模：4~40只
小知识：放哨的狐獴不仅要警惕掠食者，还要紧盯着有竞争关系的狐獴群。这些竞争对手想要夺取它们觅食的领地，还会杀死它们的幼崽。

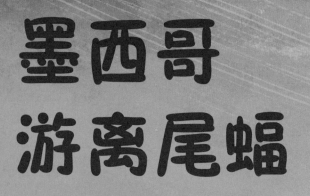

墨西哥游离尾蝠

我们群居在洞穴里。

我们在黄昏时狩猎，乌压压一片，冲上天际！我在空中来回追逐着飞蛾和甲虫，持续发出高频而短促的叫声。叫声从这些虫子身上反弹，形成回声，回声能告诉我虫子在哪里、在做什么。我也用回声定位进行导航，避免与其他蝙蝠相撞。

飞蛾

锋利的爪子帮助
蝙蝠挂在岩壁上。

挤在一起取
暖的小蝙蝠

趣味档案

一群蝙蝠：a colony of bats
一群飞行的蝙蝠：a cloud of bats
族群的规模：100～20 000 000只
小知识：墨西哥游离尾蝠是动物王国
中飞行速度最快的动物之一，它们飞
行的最高时速可达95千米，飞行高
度可达3000米。

春天，我们从墨西哥向北飞，飞到美国得克萨斯州，在那里我们可以捕食许多美味的虫子。到了目的地，我们的蝙蝠群就会分成单身汉栖所（洞穴）和为怀孕的雌蝙蝠准备的待产栖所。妈妈之间会相互帮忙抚育幼崽。当我的幼崽出生时，我用我的翅膀兜住他，以防他摔到地上。我们发出吱吱呀呀的叫声，直到我们能听出彼此的叫声，闻出彼此的气味。我的幼崽一出生就知道如何用爪子抓握，这完全出于本能。

　　当我要外出觅食时，我会把小家伙留在洞穴的高处，他和其他幼崽待在那里很安全。当我回来时，我会循着他的叫声找到他。他喝我的奶水，吃我带回的虫子。小家伙长得很快，没过多久就可以在洞中扑腾着翅膀，测试自己的翅膀和回声定位的能力。当幼崽们准备飞离巢穴时，我和数千个同伴一窝蜂地飞出洞穴，以迷惑蹲守在洞口的蛇、浣熊和猫头鹰——他们就等着攫获小蝙蝠呢！

"我们喜欢每年回同一处栖所繁育自己的后代。"

尼罗鳄

我们睦邻友好。

刚出生的小鳄鱼被妈妈含在嘴里，很安全。

刚破壳而出的小鳄鱼

"砰，砰，砰！"

58

砰，砰，砰！蛋壳快破了。咚，咚，咚！我用破卵齿顶破了蛋壳。咔嚓一声，我跌入铺满细沙的巢穴里，与我的兄弟姐妹们打了声招呼。妈妈把我们含在嘴里，带我们去河边体验生命中的第一次游泳。我们的爸爸是河流中的一方霸主，他在水中巡逻，守护着他所有的巢穴，保护刚孵化的幼崽免受天敌的侵扰。我们藏在水草中呼唤彼此，大家聚在一起才会更安全。

当我们的妈妈发现危险时，她会发出咝咝声，起身向进犯者扑去，并叫我们游回她的嘴里，保护我们。

我是天生的掠食者，一出生就知道如何狩猎，这完全出于本能。我会撕咬任何从我跟前经过的动物，比如一只蜻蜓、一条鱼或一只蜥蜴。

蜻蜓

雄性首领

蜥蜴

晒太阳浴

"远离河岸！我能屏住呼吸，悄悄地移动，
然后一下子蹿出水面。"

潜伏在水中的鳄鱼能一跃3米高，一口咬住猎物。

在我成长的过程中，我学会了耐心。我潜藏在水面下，等待猎物靠近，紧接着，我一个猛扑！我用上下颚紧紧箍住我的晚餐，拖入水中，猎物不断挣扎，扭动，翻滚，最终不再动弹。

当我们长到足够大时，妈妈会将我们赶出家门。食物并不丰足，所以我们必须在其他河段开发自己的领地。

遇上年长的鳄鱼，我得小心翼翼，因为他们才是河里的老大。他们凭借自己庞大的体形和血盆大口占据着最佳位置。

有时候，年轻的鳄鱼会组队合作。我们互帮互助把鱼群赶进嘴里，齐心协力放倒大型猎物，与同伴一起享用。我们会轮流进食，吃饱喝足后，我们喜欢一起待在河岸上晒太阳。

鳄鱼会静止不动很长时间，但一旦选择行动，会跑得非常快！

趣味档案

一群鳄鱼：a bask of crocodiles
一群水中的鳄鱼：a float of crocodiles
族群的规模：未知
小知识：尼罗鳄的寿命可达100岁。它们都不会放过嘴边的任何食物，但它们不需要每天进食。事实上，它们每两周吃一顿大餐就够了。

红毛猩猩

我们是超能单亲妈妈。

我和我的宝宝总是形影不离。当他伏在我的背上时，他抓得很紧，我们慢慢从一个枝头荡到另一个枝头，到处找水果。

每天天黑之前，我会在树冠的高处搭一个树窝，供我们俩睡觉用，这样就不会被行踪隐秘的花豹发现。我的孩子也会帮忙，他知道哪些枝干结实，哪些易折。如果下雨了，入睡就变得很困难，因此我们会找一些大片的树叶，当作雨伞。

每当找到榴梿树或杧果树，我们就停下来进食、休息。我向孩子演示如何打开水果的硬壳。他正在学习一年中的不同时节里分别该去哪里寻找食物，哪些水果好吃。终有一天，他将独自生活，我必须教会他野外生存所需的一切知识。

哪里的水果全都熟了，就会吸引许多红毛猩猩过来。我们会遇到其他母猩猩和小猩猩，有时也会遇到一群年轻的成年猩猩，在准备好独自闯荡大森林之前，他们会在一起互相帮助。我们发出低沉的呜呜声相互招呼，互相分享食物。只有雄性首领才会与其他雄性为了争地盘而打架。

"所有的雌性红毛猩猩都觉得雄性首领下垂的喉囊和宽大的颊垫非常好看！"

雄性首领 ↘

趣味档案

一群红猩猩： a congress of orangutans,
a buffoonery of orangutans

族群的规模： 红毛猩猩很少会长时间、大规模地聚集在一起。它们更喜欢独自生活或三三两两小规模地生活在一起。

小知识： 红毛猩猩是地球上最大的树栖动物。红毛猩猩妈妈会花7～10年时间照顾自己的孩子，这是动物界里母亲陪伴时间最长的童年。

独行侠

这些动物向来独来独往，独居、独自狩猎、独自进食，只有当繁殖季来临时，雄性和雌性才会聚在一起。

雄虎

虎

我活动的领地很大，与一些雌虎的领地重合。当雌虎生下我的幼崽时，我会远远地保护他们。我会巡视领地，不会放过任何一个闯入领地的对手。我必须干掉竞争者，否则他会夺取与雌虎的交配权，并杀死我的幼崽。

老虎的领地必须有可以饮用的水，有可以藏身的浓密植被，还有可以捕食的猎物。

"我们誓死守卫自己的领地。"

鸭嘴兽

我在夜间觅食，白天大部分时间都在河边的洞穴里打盹。我才懒得理会河里那些雌性和年轻的鸭嘴兽，除非到了交配的时节。假如有一个雄性竞争者游过来，试图霸占我的领地，我就会跟他搏斗，用腿部后侧带毒液的刺猛戳他，直到对方放弃为止。

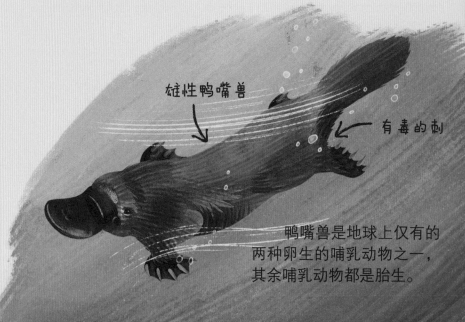

雄性鸭嘴兽

有毒的刺

鸭嘴兽是地球上仅有的两种卵生的哺乳动物之一，其余哺乳动物都是胎生。

雌考拉

考拉宝宝

考拉

我的小考拉出生后，她就一直待在我的育儿袋里喝我的奶水，直到她足够强壮，可以紧紧攀附在我的背上时，我就背着她从一棵树移到另一棵树上。等她长大，能自己照顾自己时，她就会在我的领地附近另找一片领地。雄考拉会发出大声的吼叫，告诉我们他们想要交配了，以及他们所在的位置。他们会用自己的肚子蹭树，留下气味，标记他们的领地。

"我们照顾自己的孩子，直到他们长大离开。"

鼹鼠

为了寻找肥美的蠕虫，我挖了很多地道。我的领地并不欢迎其他鼹鼠，不过有时会有雄鼹鼠过来交配。当我怀上了宝宝，我会挖出一间被称为"堡垒"的新房，在里面铺上树叶。我会照顾幼崽五周时间，然后就会让他们离开。他们会来到地面上，寻找一处没有被占领的花园或田野，在挖掘出新的地下家园前，他们必须注意躲避猫头鹰、老鼠、黄鼠狼和狐狸等天敌。

雌鼹鼠

雌性霾灰蝶

霾灰蝶

　　我在红蚂蚁巢穴附近的一株植物上产卵。当我的毛虫孵化时，他看上去、闻起来都像一只红蚁幼虫，他还会分泌一种含糖物质来吸引工蚁。那些蚂蚁会以为他是自己的孩子，将他带回巢穴。他们把我的孩子和蚂蚁幼虫放在一起，我的孩子转头就吃掉这些蚂蚁幼虫。当他把自己养得足够胖时，他就会结茧化蛹，最终破茧成蝶。在此期间，他做的茧藏在蚁穴之中，不会被天敌侵扰。

"我们欺骗其他动物来为我们抚养后代。"

布谷鸟

　　我趁别的鸟外出觅食时把蛋产在他们的巢穴中。我甚至会把巢穴中原有的蛋推走，给自己的蛋腾出位置。我的幼鸟最先破壳而出，接着她会本能地将雏鸟或还未孵化的蛋推出巢穴。因为她成了巢里唯一的幼鸟，所以养父母并不会意识到，她长得比亲生的幼鸟大得多，而且赖在巢里的时间更久。当他们终于发现自己的巢里养着一只布谷鸟时，为时已晚——我的幼鸟已经长出成鸟的羽翼，准备展翅高飞了。

布谷鸟雏鸟

　　布谷鸟的蛋的形状和颜色看起来很像其他鸟蛋。

只有极少数的小海龟能长到成年。

刚出生的小海龟

海龟

每年夏天，我都会重新回到自己出生的那片海滩去产卵。我挖出一个洞，在里面产下卵，并用沙子覆盖住，这样它们就不会被鸟儿和蜥蜴发现。然后我头也不回地返回大海。小海龟破壳而出后，挣扎着从沙坑中爬出来，以最快的速度朝大海爬去。

"我们的幼崽一生下来就得自力更生。"

大白鲨

我即将分娩，我选了一处安全的栖身地，那里有许多鱼可以吃。我的幼崽一出生就能自食其力，他们是天生的猎手。而我体内的激素会抑制我捕猎的需求，以免我吃掉自己的幼崽。但我还是先溜为妙，以防万一！

大白鲨幼崽

大白鲨宝宝出生时可达1.5米长。

人类呢？

人类的家庭跟动物家族一样，有着不同的类型和规模。

许多人跟家人生活在一起，但也有不少人独自生活、与伴侣两人一起生活或者与朋友共同生活。我们的社群可以很大，也可以很小，规模千差万别！在人类的群体之中，任何性别的人都可以成为领导者，从事任何工作。

趣味档案

族群的规模：极其多样！

小知识：只有极少数动物能像人类一样，父母会把孩子抚养到成年，子女长大离家后还会跟父母保持来往。

"我们是地球上最灵活的物种，家庭对我们而言非常重要。"

结束语

希望你喜欢本书介绍的这些动物家族，并发现自然界和人类社会中都存在着各种各样的家庭组成形式。

想象一下，假如你能变成动物家族中的一员，度过一天的时光，你会选择成为哪种动物，你又会在族群中担任什么样的角色呢？

或许你会是一头负责狩猎的雌狮，或许你会是族群里居于统治地位的黑猩猩首领。

或许你会成为一头准备与同伴一同探索海洋的年轻海豚，或许你会变成一只替族群站岗放哨的狐獴哨兵。

就像在动物的族群里一样，人类家庭中的成员也扮演着不同的角色，承担着不同的责任。有时职责由大家共同分担。想想在你的家里……

对号入座

· 谁最爱发号施令？

· 通常谁做晚饭？

· 谁最贪玩？

· 谁最有爱心？

向你家里的每位成员问同样的问题，大家的答案一致吗？有人想改变自己日常扮演的角色吗？

去认识一位动物行为学家吧！他们是研究动物行为的科学家，会选择自己感兴趣的物种，观察它们在野外环境中的生活。他们不仅研究动物个体，也研究族群，并收集大量的数据——这一过程有时会持续多年时间。正是这些信息让我们得以了解动物每天都在做什么，以及为什么会有这些行为。

动物·小·百科

伴侣关系 pair bond
交配的动物间建立起的一种牢固的纽带。它们通常会一起繁殖后代，这种联结可能持续终身。

触角 antenna
长在昆虫和甲壳类动物头部、又细又长的器官，主要起触觉作用。

单身汉 bachelor
离开了父母的族群，但还未组建或找到新家的年轻动物。

低频声波 low-frequency
低沉的响动，通常低于人耳可闻的音域范围。

蜂巢思维 hive mind
蜜蜂、蚂蚁等社会性昆虫群落的集体活动，运作起来就像是只有一个思维。

孵化 hatch
鸟、海龟、青蛙等卵生动物破壳而出的过程。

孵育囊 brood pouch
青蛙、鱼类等动物身上的囊袋或空腔，这是它们孵卵的地方。

化蛹 pupate
幼虫成长为成虫的过渡阶段，此时昆虫被坚硬的覆盖物（如茧）包裹。

回声定位 echolocation
有些动物用声音来进行定位的过程。

激素 hormone
一种向身体各部位传递信息，告诉它们该做什么的化学物质。

颊垫 cheek flanges
占据支配地位的雄性红毛猩猩脸颊上长着的大肉垫，对雌猩猩而言很有吸引力。

榴梿 durian
一种产自东南亚的椭圆形带刺的大个水果。

民主 democracy
一个群体能做到群策群力，或者群体中每个个体都有表达自己意愿的机会。

母系社会 matriarchy
由女性或雌性动物当家做主的社会，与之对应的父系社会是由男性或雄性动物居于主导地位的社会。

囊　sac
动物或植物的囊袋，通常装有液体。

破卵齿　egg tooth
一颗帮助幼雏破壳而出的非永久性的牙齿。

群体　colony
生活在一起的同种动物。

首领　dominant
群体中的领导，可以指挥其他成员。

树冠　canopy
热带雨林从上往下数的第二层，这里生活着许多动物。

逃生通道　bolthole
动物洞穴中用于逃跑的洞。

蜕变　metamorphose
动物在出生后，其身体发生剧烈而快速的变化的过程，
比如：毛毛虫蜕变成蝴蝶。

未成年（动物）　juvenile
尚未完全长大的年轻动物。

稀树草原 savannah
热带、亚热带地区的开阔大草原。

幼虫 larva
昆虫等动物已经从卵中脱离，但还未发育为成虫的阶段。

幼兽 joey
（考拉等）动物的幼崽。

孕产 maternity
雌性动物怀孕、分娩，成为母亲的过程。

再野化 rewilding
保护环境，使其恢复到自然状态。例如，通过重新引入过去生活在那里的野生动物，让自然环境恢复。

肢体语言 body language
动物间起交流作用的身体动作。

作者

凯特·佩里多特是一位童书作家，其创作兼顾虚构类与纪实类。她的写作技巧令人身临其境，深受小读者的喜爱。她笔下关于动物、人类和STEM知识的故事充满了野性和冒险精神，鼓励着小读者们勇于实践、追求新知。

凯特出色的创作能力得益于她对书本的热爱、国际商务的专业背景、在食品公司做市场营销以及自由撰稿的工作经历。10年前，凯特走上了专业写作之路，为杂志撰写短篇小说和文章。2014年，英国沃克图书公司举办了一场为4~7岁儿童创作动物故事的比赛，凯特创作的《大象狂欢节》在比赛中获奖。在温切斯特文学节上，她以一部青春概念作品在"小说第一章"比赛中获胜。她在伦敦新闻学院和柯蒂斯·布朗创意写作学校读完写作课程，同时还是全球童书作家与插画家协会的成员。

想了解更多关于凯特的信息，请访问她的个人网站：
www.kateperidot.com

作者致谢

Becky Bagnell for calling this early book concept "genius." James Mitchem and all the team at DK for giving My Animal Family the opportunity to fly into the world and hopefully around it too! Nic Jones for her super colourful, boisterous, and busy illustrations of family life – the animal families really are every type and size. To my own wolf pack, Peter, Jessica, and Jack, who I always want to come home to and snuggle up with in our den at the end of a story-hunting day.

感谢贝姬·巴格内尔对本书最初概念的盛赞。感谢詹姆斯·米切姆和DK公司团队给予《DK动物家族》面世的机会，但愿它能在全世界畅销！感谢妮可·琼斯为类型、规模各不相同的动物家族绘制色彩斑斓、热闹非凡的生活画卷。感谢我自己的"狼群"——彼得、杰茜卡和杰克，每当一天的创作工作结束之际，我总想快快回到我们的小窝，与他们依偎在一起。

插画师

妮可·琼斯是一位自由插画师，她从自然界的错综复杂与美丽中汲取灵感，并将其应用到她的插画创作与设计中。

她的插画深受传统绘画技法的影响，将鲜艳丰富的色彩与探索性的细腻笔触相结合。妮可在Photoshop软件中进行大胆的插画创作，巧妙地在传统的插画技法中融入数码绘画风格，同时保持了数字工具的优势。

顾问

尼克·克朗普顿博士是一位作家、动物学家，现居伦敦。他是剑桥大学的动物学博士，曾以专家身份出现在多个广播和电视节目中，也曾供职于英国广播公司和伦敦自然历史博物馆。他为多家出版社担任生物学顾问，并在伦敦大学学院授课。

想了解更多关于他的信息，请访问他的个人网站：
www.nickcrumpton.com

DK公司致谢

Becky Bagnell for bringing us such a wonderful proposal, and her continued support. Jake Da' Costa for his tireless design help and organization – he's the best around. Alex Hadlow at The Artworks Illustration Agency. Lynne Murray for picture library assistance. Marie Lorimer for indexing.

感谢贝姬·巴格内尔为我们带来如此精彩的提案和一如既往的支持。感谢杰克·达·科斯塔不知疲倦地协助设计与组织工作，他是我们身边最棒的人。感谢艺术品插图社的亚历克斯·哈德洛。感谢琳内·默里为图片库提供帮助。感谢玛丽·洛里默编写索引。

著作权合同登记号：图字18-2024-132

图书在版编目（CIP）数据

DK动物家族 / (英) 凯特·佩里多特著；(英) 妮可·琼斯绘；张宝元译. -- 长沙：湖南少年儿童出版社，2024.7

ISBN 978-7-5562-7681-3

Ⅰ.①D… Ⅱ.①凯…②妮…③张… Ⅲ.①动物—儿童读物 Ⅳ.①Q95-49

中国国家版本馆CIP数据核字(2024)第108908号

DK DONGWU JIAZU

DK 动物家族

[英]凯特·佩里多特◎著　[英]妮可·琼斯◎绘　张宝元◎译

监　　制：齐小苗
责任编辑：唐　凌　蔡甜甜
策划编辑：盖　野
营销编辑：刘子嘉
版权支持：张雪珂
封面设计：马睿君

出 版 人：刘星保
出　　版：湖南少年儿童出版社
地　　址：湖南省长沙市晚报大道89号
邮　　编：410016
电　　话：0731-82196320
常年法律顾问：湖南崇民律师事务所　柳成柱律师
经　　销：新华书店
开　　本：965 mm × 1194 mm 1/16
印　　刷：北京顶佳世纪印刷有限公司
字　　数：25 千字
印　　张：5
版　　次：2024 年 7 月第1版
印　　次：2024 年 7 月第1次印刷
书　　号：ISBN 978-7-5562-7681-3
定　　价：58.00 元

若有质量问题，请致电质量监督电话：010-59096394
团购电话：010-59320018

混合产品
纸张｜支持负责任林业
FSC® C018179

www.dk.com